生物技术科普绘本

干细胞生物学卷

生殖与发育生物学专家**季维智**院士
写给小朋友的干细胞生物学绘本

千变万化的干细胞

新叶的神奇之旅 V

中国生物技术发展中心　**编著**

科学顾问　季维智

科学普及出版社

·北　京·

人物介绍

小蓝

学　名: 蓝藻（又名蓝绿菌）

特　点: 蓝绿色，广泛分布于淡水、咸淡水、海水和陆生环境等各类生态系统中，被认为是地球上最早出现的光合自养生物。

功　能: 可利用太阳光将二氧化碳还原成有机碳化合物，并释放氧气，帮助地球建立早期相对稳定的生态系统。

肉肉

学　名: 肌肉干细胞（在成体内
　　　　又名卫星细胞）
分　布: 沿肌肉纤维分布，通常
　　　　处于休眠状态
功　能: 可发育分化为成肌细
　　　　胞，形成骨骼肌。

小脂

学　名: 脂肪干细胞
分　布: 全身脂肪组织
功　能: 具有多向分化潜能的干
　　　　细胞，可分化形成脂
　　　　肪、表皮、骨和软骨细
　　　　胞等，在组织再生、组
　　　　织器官修复方面有着巨
　　　　大的潜力。

小因

学　名: 脱氧核糖核酸
　　　　（DNA）

特　点: 由重复脱氧核糖核
苷酸单元组成的大
分子聚合物，携带合
成核糖核酸（RNA）
和蛋白质所必需的遗
传信息。

目录

登陆火星

文/谢 岗

图/赵义文 胡晓露

对话天问号

　　一年前，新叶被选为首批火星科学探索少年，登上了"天问号"飞船，开启了探索火星的奇妙旅程。

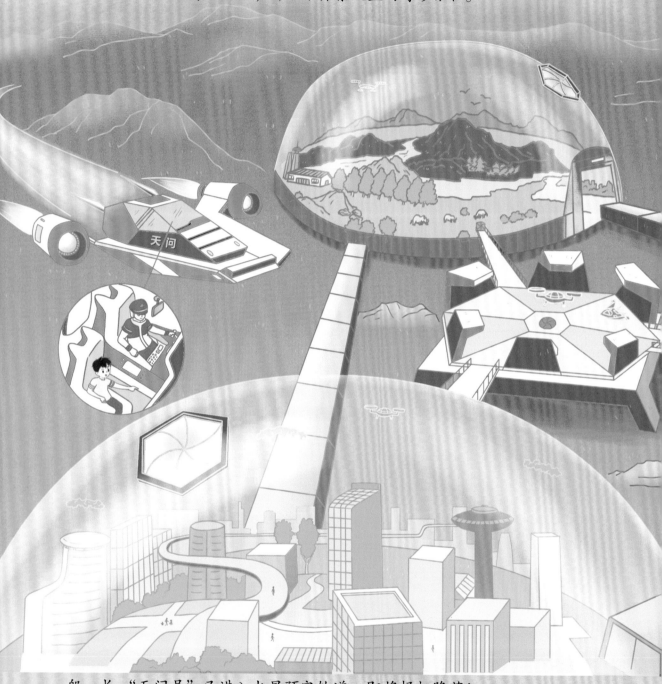

　　船　长："天问号"已进入火星预定轨道，即将择机降落！

　　（新叶听到消息后，迫不及待地与火星基地的季爷爷视频通话）

　　新　叶：季爷爷，我们的飞船准备降落啦！我们马上就能见面啦！

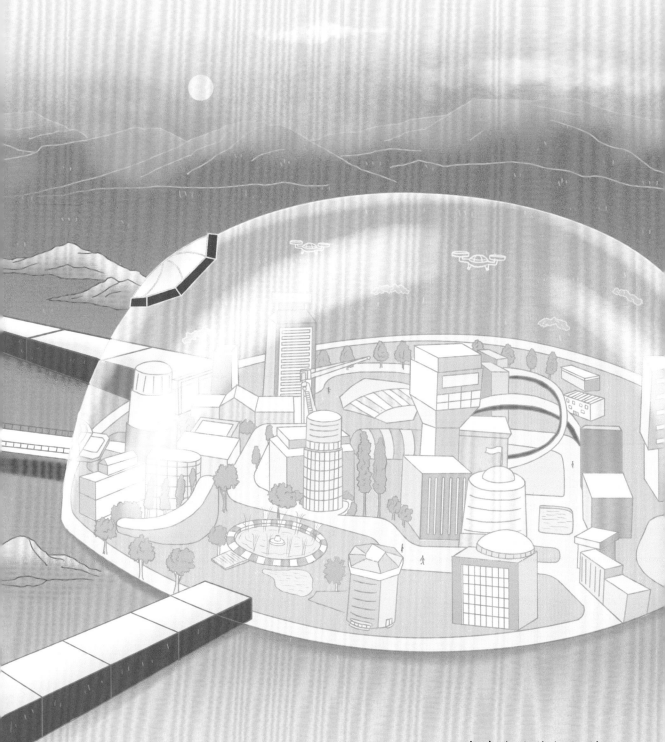

季爷爷：太好了！马上就到国庆 100 周年了，全国人民都在期盼你们顺利
　　　　到达火星，给祖国献礼呢！你可是第一个登上火星的小朋友，要
　　　　好好珍惜探索火星的机会哦！

新　叶：好的，季爷爷，我一定好好学习，不负祖国期望！

崭新的生活环境

季爷爷在飞船降落基地迎接新叶的到来，然后带着新叶俯瞰火星基地，新叶左瞧瞧、右看看，发现了很多新鲜事物，迫不及待地向季爷爷询问。

新　叶：季爷爷，火星基地里的人们为什么不用穿宇航服、带氧气瓶？火星上的氧气从哪里来呀？

季爷爷，这些植物为何像路灯一样会发光？

季爷爷，火星基地也有动物园呀？可以带我去看看吗？

季爷爷：哈哈，新叶心中现在肯定有"十万个为什么"。经过几十年的建设，火星基地有了翻天覆地的变化。别急，我带你一点一点去看。

新型蓝藻改造大气

新　叶：如果没有水和适宜的温度，生命就无法生存，这些条件是怎么在火星实现的？

季爷爷：早期，我们通过汇聚太阳光来加热火星基地，使地表下的冰层融化，产生水和温室气体，大气密度增加，温室效应形成，基地进入恒温阶段。之后，我们再大规模培养新型蓝藻，就能源源不断地产生氧气。

新　叶：蓝藻是什么生物呀？听起来好厉害！

蓝　藻：嗨！新叶，我又叫蓝细菌，很久之前，我通过光合作用把整个地球大气从无氧状态转变成有氧状态，孕育了所有好氧生物。但火星上的我经过了改造，产生氧气的能力大大增强了哟。

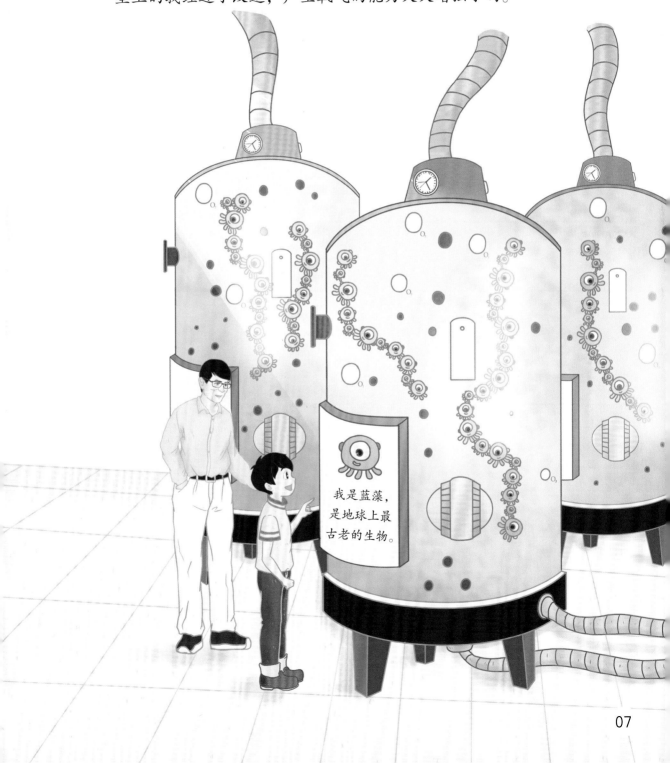

新　　叶：好漂亮啊！这些是什么树呀？为什么会发光呢？

季爷爷：它们都是从地球带来的植物呀！科学家曾在水母中发现一种蛋白质，只需氧气就能发出绿色的荧光。这些植物所发出的光就源于这种蛋白质。

新叶 📖 词典

⌄ 绿色荧光蛋白 🔍

　　日本科学家下村修在研究水母的发光现象时，发现其荧光源自一种会发光的蛋白——绿色荧光蛋白。随后，美国科学家马丁·查尔菲和美籍华裔生物化学家钱永健对绿色荧光蛋白加以改造和利用，成功地将其引入生命科学领域，引发了一场细胞和蛋白研究技术的巨大革命，上述三人因此共同获得了 2008 年的诺贝尔化学奖。

发光水母　　　　绿色荧光蛋白　　　　发光树

新　叶：太神奇了！为什么植物里会有这种发光蛋白呢？

季爷爷：科学家使用基因编辑技术，将这种荧光蛋白的基因改造并转入植物基因里，植物细胞就能发出人类肉眼可见的光。除了光合作用，它们还可用来照明，既环保又节省空间。

新　叶：太好了！我要养一棵发光的小植物，晚上就可以用它当台灯来看书了。

干细胞 3D 打印牛排

逛累了，正好到午饭时间，季爷爷带新叶来到火星基地的"科技餐厅"，准备吃午饭。

我是间充质干细胞，可以自我复制，还可以变身。

嘿嘿，我爱吃东西，肚子里可以存好多油脂。

我要成为有力量的细胞！

细胞储存

新　叶：季爷爷，火星基地里也有牛排啊！那些牛是从地球带来的吗？

季爷爷：当然不是。这是我们用间充质干细胞培养出来，通过 3D 打印技术合成的人造牛排。

间充质干细胞不仅能够自我复制，还可以变成有力量的肌肉细胞和储存油脂的脂肪细胞，最终通过 3D 打印技术组装成牛排，也可以定制不同口味的 3D 打印牛排。

新　叶：干细胞好厉害啊！那为什么不在火星上养牛呢？
季爷爷：饲养动物难度较大，而且生产效率低。用干细胞生产肉，难度小、生产效率高，肉的品质也更好。

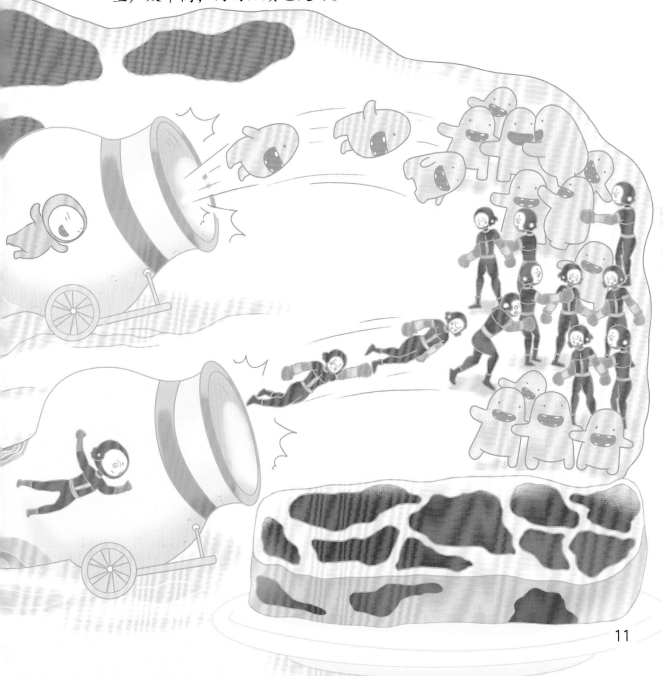

科普小讲堂

　　蓝藻是地球上最古老的原核生物之一，也是第一个获得地球外能量的自养生物。蓝藻的光合作用具有划时代意义，产生了一系列影响深远的自然界和生物界的演化。如果没有蓝藻释放氧气，生物很难变得大型化，遮挡紫外线的臭氧层也无法形成，生物更无法在陆地上开辟新的生态系统。有些蓝藻还能将大气中的氮固定为营养物质，因此它也被认为是宇宙中支撑生命、"开疆拓土"的候选生物。

复活古生物

文/李宇轩

图/赵义文　纪小红

猛犸象的再现

吃完午饭，季爷爷带新叶继续参观火星基地。他们来到生态园，新叶被猛犸象吸引，停下来认真观看。

新　叶：哇，那是猛犸象，书中说这个物种大约在 3700 年前就灭绝了，为什么会出现在这里？

季爷爷：这是人们在火星建立的生态园。因为火星比地球距离太阳更远，所以比地球寒冷许多，你在地球上常见的大象不适合在这里生存，而猛犸象曾生活在寒冷的冰川时代，因此科学家将猛犸象复活并让它们在这里生活。

新　叶：那科学家是怎样将已经灭绝的猛犸象复活的？

季爷爷：这就要从科学家多年前在地球上的工作讲起了，让我们一起去看看吧。

搜寻一万年前的基因组

新叶和季爷爷乘坐时光飞船来到了 2012 年的西伯利亚东部，他们看到有科考队员正在挖掘永冻土。

季爷爷：19 世纪以来，人们陆续在西伯利亚东部发现了一些在冻土中保存至今的猛犸象遗体，科学家可以从中提取猛犸象的基因组。基因组相当于一个物种的"核心资料库"，只要我们拥有了猛犸象的"资料库"，就有希望让活的猛犸象重新出现。

新　叶：基因组可以保存这么长时间吗？

季爷爷：随着时间的推移，基因组会出现很多破损，这往往需要科学家根据剩余的信息想办法还原。采集到的基因组受损程度越低，就越有希望成功复活这个物种。在大多数情况下，基因组的破损程度都比较严重，很难完整地复原出来，科学家一般只将重点放在基因组中比较关键的片段上。

亚洲象"变"猛犸象

季爷爷：科学家按照猛犸象的基因对亚洲象的基因进行改造，增加了一些有关寒冷气候适应的特定基因。

新　叶：为什么用亚洲象的基因作为原料呢？又是怎样改造的呢？

季爷爷：因为亚洲象和猛犸象有较高亲缘性，两者基因组中有大量相同的部分，因此改造亚洲象的基因组工作量小一些。至于如何改造，科学家有一些作用于基因的工具，像剪刀和胶水一样，可以切割和连接基因。

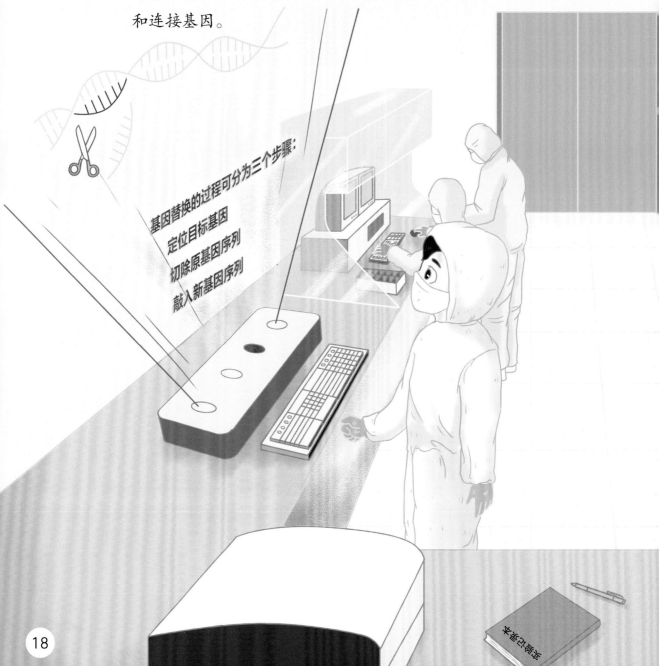

基因替换的过程可分为三个步骤：

定位目标基因

切除原基因序列

敲入新基因序列

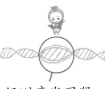

经测序发现猛犸象区别于亚洲象的部分

获取亚洲象的受精卵，将猛犸象的基因片段注射到受精卵中，猛犸象的基因便会整合到亚洲象的基因组中，使其获得部分猛犸象的特征

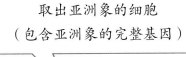

按照猛犸象基因的序列进行改造

取出亚洲象的细胞
（包含亚洲象的完整基因）

发育

在我手上的分别是猛犸象的基因和亚洲象的胚胎干细胞，通过对基因的改造，亚洲象的胚胎干细胞就变成了猛犸象的胚胎干细胞。

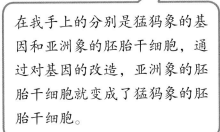

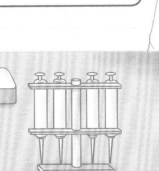

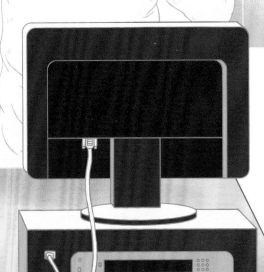

从胚胎到小猛犸象

　　新叶和季爷爷又回到位于火星生态园的研究院，看到了小猛犸象的出生过程。

新　叶：接下来我知道了，从胚胎可以长成小猛犸象。

季爷爷：是的。科学家会将改造后的胚胎送入亚洲象体内，等待亚洲象生下小猛犸象。亚洲象的体形和发育时间与猛犸象比较接近，可以作为猛犸象的母亲。但有一些我们想复活的物种不容易找到合适的母亲，在火星上，我们将会有更方便的选择。

小猛犸象的孕育舱

新叶和季爷爷进入研究院的猛犸象孕育间，看到很多在营养舱中发育的猛犸象宝宝。

季爷爷：飞船带了很多经过改造的胚胎来到火星，直接在营养舱里培养它们，很快它们会发育为成熟的小猛犸象。

新　叶：原来猛犸象是这样被复活的，需要先获得基因，再将改造好的基因注入胚胎中，胚胎就可以长成完整的小猛犸象。希望以后我能看到更多被复活的物种！

科普小讲堂

  克隆羊多莉是世界上第一只被成功克隆的哺乳动物，1996 年 7 月 5 日出生于英国爱丁堡市罗斯林研究所。科学家伊恩·威尔穆特博士从一只白面绵羊体内取出卵细胞，去掉它的细胞核，换成来源于一只黑面绵羊乳腺细胞的细胞核，融合胚胎被转移到另一只黑面绵羊的子宫内进一步分化和发育，最后形成一只小绵羊，它就是多莉。多莉和那只提供细胞核的黑面绵羊具有完全相同的外观。这只小绵羊的诞生为细胞重编程技术的发展奠定了基础。

神奇的 再生医院

文/丁双进

图/赵义文　朱航月

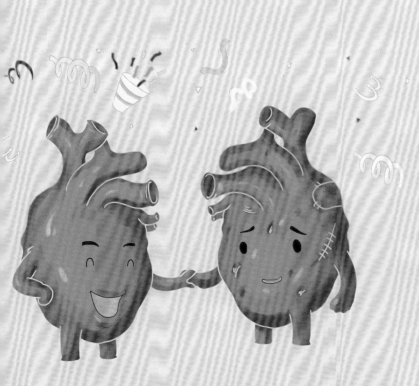

再生医院

火星基地的新奇事物让新叶兴奋不已，他与季爷爷继续探索火星基地的奥秘。在视野中央，一座招牌上印着"再生医院"的建筑，吸引了新叶的目光。

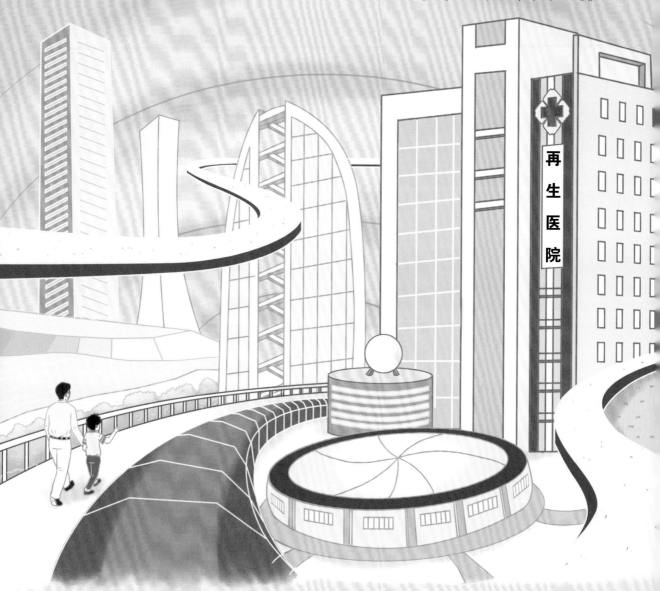

新　叶：哇！好酷炫啊！可它的名字好奇怪。季爷爷，这是什么地方呀？

季爷爷：这里是再生医院，就是进行器官再造和移植的地方。

新　叶：听起来好神奇呀！我忍不住想去看看啦。

新　叶：他们看起来生病啦！

季爷爷：是的。他们体内的器官损坏了，需要等合适的供体器官来进行器
　　　　官移植手术。

新　叶：这么多人，供体器官从哪里来啊？够用吗？

季爷爷：好问题！医院会通过微创的方式取得体细胞，随后将体细胞转变
　　　　为干细胞。有了干细胞就可以很快定制出器官啦。

新　叶：体细胞转变为干细胞肯定很困难吧！

季爷爷：改变体细胞的命运可不简单呢，这里用到了体细胞重编程技术，
　　　　我们继续往后探索吧！

全自动重编程车间

季爷爷：新叶，你看，这就是进行体细胞重编程的全自动车间。这里可以将已经分化的体细胞在特定条件下恢复到具有多能性的干细胞状态。

新　叶：季爷爷，我还是不太明白重编程技术。

季爷爷：这项技术的历史已经很悠久了。更多的疑惑我们还是去找体细胞问问吧。

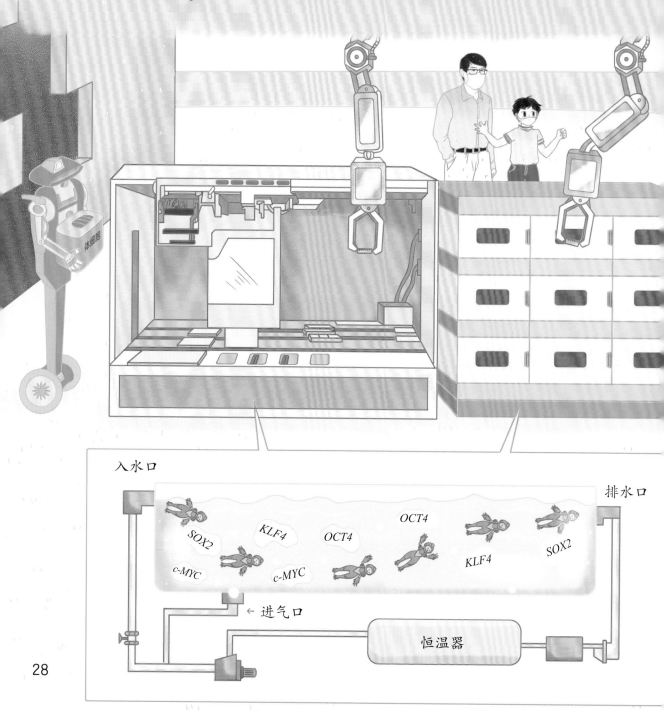

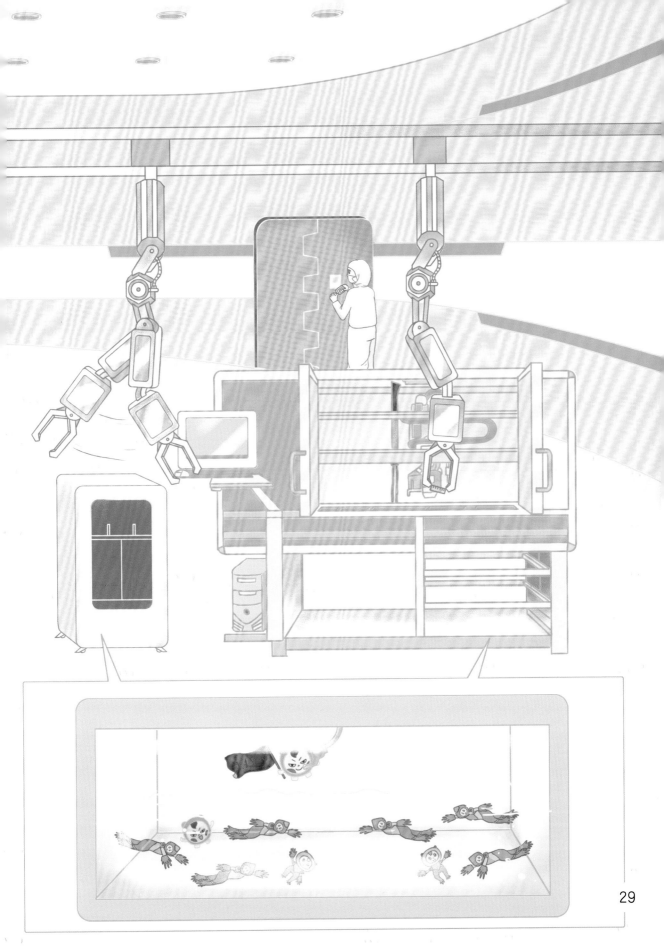

体细胞的重编程

新　叶：你好，成成！听说你在进行重编程，怎么是在爬山呢？

成　成：重编程就类似爬山。最开始通过导入一些转录因子，我们就能够进入去分化的状态。重要的是，在此过程中我们体内的表观遗传修饰被擦除，逐渐变成了干细胞。

新　　叶：这一段艰苦的路程给你们带来了很大的变化呀。

成　　成：是的。等我爬到山顶变为干细胞后，我的视野就开阔多啦，那时就可以从任意方向下山。这样一来，我就可以分化成任意的细胞类型啦。

心肌细胞

成纤维细胞

有了干细胞，器官又是如何制造出来的呢？为了一探究竟，季爷爷带新叶来到生产车间。

季爷爷：以心脏制造为例，干细胞分别分化为组成心脏的所有细胞类型，再将这些细胞按一定的比例组合到一起，就定制出了属于自己的新心脏。这样一来，很多心脏疾病患者就可以开展器官移植了。

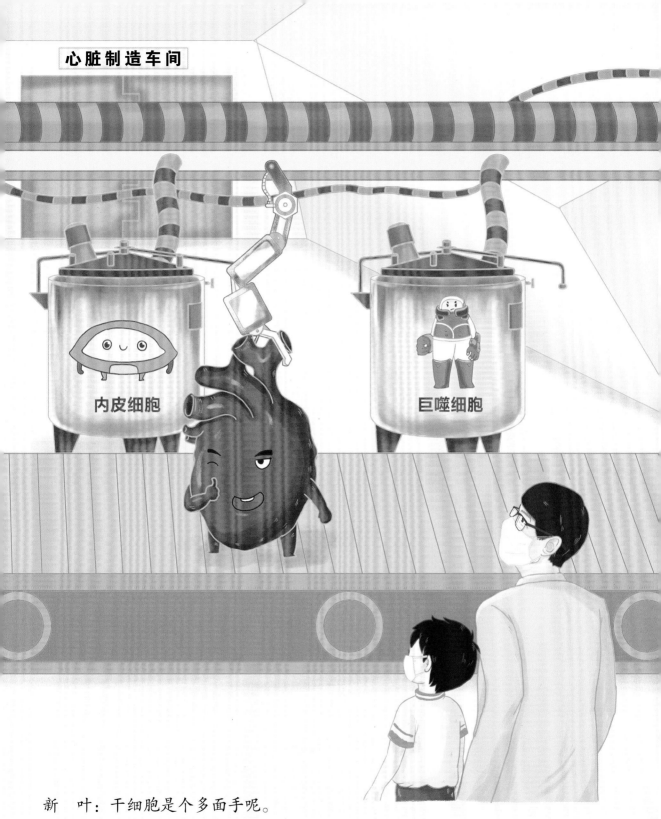

新　叶：干细胞是个多面手呢。

季爷爷：是啊，干细胞可以分化成体内所有的细胞，进而形成身体的所有
　　　　组织和器官。

新"零件"，新生活

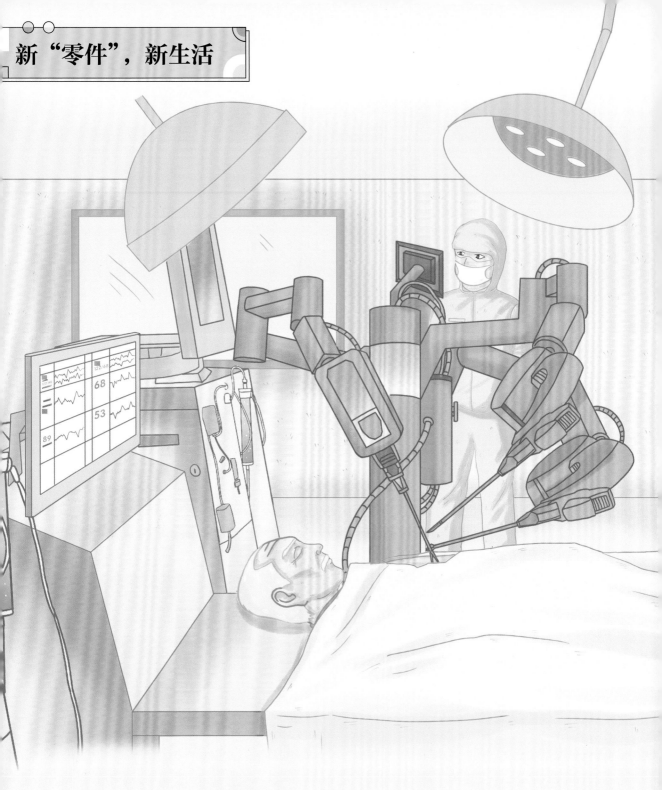

季爷爷：新叶，你看，咱们刚才看到的定制器官派上用场了。手术机器人
在为患者更换"零件"呢。

新　叶：看到了！新"零件"和旧"零件"正在握手交接工作呢，十分友好。

34

季爷爷：是啊。以往器官移植的主要问题就是免疫排斥反应，现在用的都
　　　　是自体干细胞来源的供体器官，就能避免这个问题。

新　叶：太好了！新的"零件"能带给人们崭新的生活！

　　器官移植指的是将健康的器官移植到自体或其他个体体内的方法，目的是代偿受者相应器官因致命性疾病而丧失的功能。器官移植是治疗终末期器官衰竭的好方法，目前我国已开展了数十种临床同种异体器官或组织移植，包括肾、肝、心、肺、肝肾联合、心肺联合等多器官移植。但供体器官数量不足一直是限制其发展的瓶颈，而异种器官移植和 3D 生物打印技术或许将带来希望。

干细胞助力延缓衰老

文/孙晓燕

图/赵义文 胡晓露

新叶和季爷爷继续乘坐飞船参观火星，发现火星上的爷爷奶奶健康而有活力。

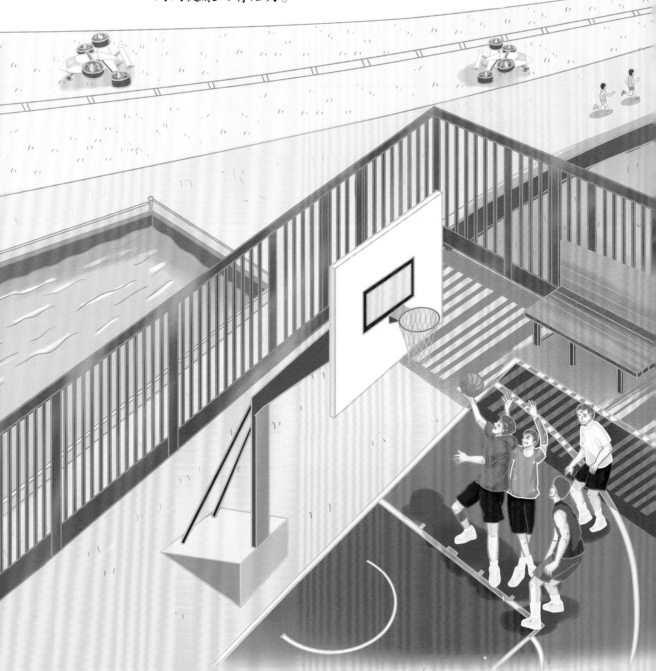

新　叶：季爷爷，我记得地球上的许多爷爷奶奶上了年纪容易生病、摔倒受伤，皮肤也会有很多皱纹，但是火星上的爷爷奶奶看起来都好健康、好有活力呀！

季爷爷：这是因为随着年龄的增长，爷爷奶奶们衰老了，但在火星上，
　　　　我们已经能延缓衰老了。你看那位打篮球的老爷爷，他以前可
　　　　是患有关节炎，连路都不能走的。还有那位漂亮的老奶奶，虽
　　　　然年纪大了，但她的皮肤依旧很好。

新　叶：真的吗？这可太神奇了，那是如何做到的？

季爷爷：走，我带你近距离看看吧！

　　季爷爷带着新叶来到了老年人的膝关节中，发现软骨细胞的数量明显减少，其下方生长出骨刺，关节炎症加重。

我是软骨细胞，我的名字叫骨绵绵。

新　叶：你好，骨绵绵。你的小伙伴呢？怎么少了好多？

骨绵绵：你好，新叶。我的主人年纪大了，患上了骨关节炎。我们也累了，
　　　　好多小伙伴都离开了。

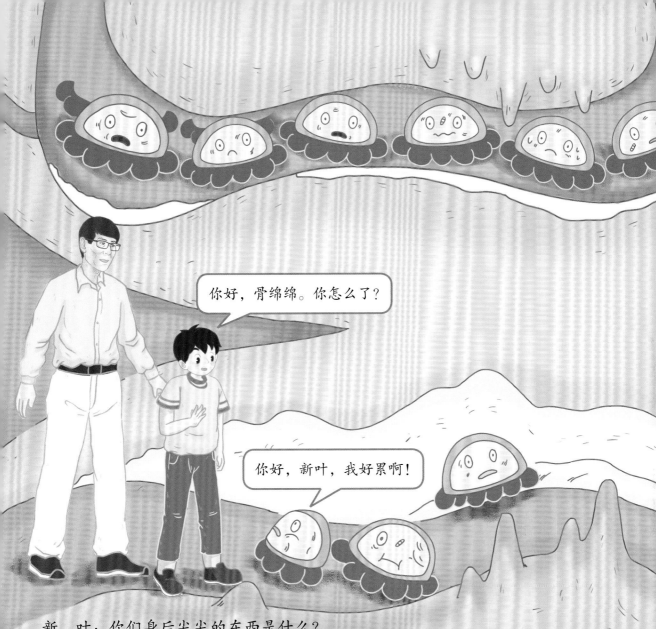

新　叶：你们身后尖尖的东西是什么？

骨绵绵：那是骨刺，因为我们的数量不断减少，不能好好保护骨关节，骨刺就长出来了。

季爷爷：骨关节炎是老年人高发的疾病。关节不断地摩擦导致软骨磨损，软骨下的骨过度增生，长出骨刺，炎症加重，使老年人关节肿胀疼痛、行动困难。目前，科学家已经能够用干细胞疗法来治疗骨关节炎。其实，全身多组织器官出现慢性炎症是衰老的典型特征，干细胞疗法可以显著减轻这种炎症。

新　叶：骨绵绵，你们不要怕，干细胞疗法可以帮助你们。

干细胞治疗改善骨关节炎

季爷爷带新叶了解了间充质干细胞改善骨关节炎的过程。注入关节腔内的间充质干细胞，通过分化成软骨细胞和分泌细胞因子改善骨关节炎。

新　叶：季爷爷，快看，这里有好多间充质干细胞。

季爷爷：是呀，间充质干细胞被注射到了关节腔内。

新　叶：这些间充质干细胞正在变身成骨绵绵！哇，那些间充质干细胞正在吐泡泡。

季爷爷：哈哈哈，那可不是泡泡，那是间充质干细胞分泌的细胞因子，它们可以帮助调节免疫系统功能、减轻炎症、恢复细胞活力，用处大着呢。

皮肤的衰老

新叶和季爷爷来到了衰老的皮肤中，发现衰老的皮肤表皮变薄，角质形成细胞减少，真皮中成纤维细胞减少，胶原蛋白萎缩，弹性蛋白断裂。

弹性蛋白

← 胶原蛋白

新　叶：你好，阿角角。你们怎么了？

阿角角：你好，新叶。我们长期受到紫外线照射、化学物质污
　　　　染等外界刺激，变得虚弱了。

新　叶：那个在哭泣的细胞是谁？

阿角角：它是我们在真皮中的好朋友——成纤维细胞，可以分泌胶原蛋白。

新　叶：它看起来好累啊！季爷爷，干细胞是不是也可以帮助角质形成细
　　　　胞和它的朋友啊？

季爷爷：你说对了！

干细胞延缓皮肤衰老

新叶跟随季爷爷来到皮肤的真皮层，看到间充质干细胞通过分泌细胞因子，抑制成纤维细胞衰老，促进胶原蛋白形成等来改善皮肤状态，延缓皮肤衰老。

新　叶：季爷爷，来了好多间充质干细胞！

季爷爷：是呀，它们是通过极细的针孔被注射到真皮中的。

新　叶：只能注射吗？会不会很疼呀？

季爷爷：也可以在皮肤上涂抹干细胞分泌的因子，这就需要在实验室中获得干细胞分泌的特定营养因子，一些护肤用品用的就是这个原理。

新　叶：哇，好神奇啊！

各种各样的干细胞在人体发育、成长和衰老阶段发
挥着重要作用，利用干细胞已经可以治疗多种疾
病和延缓衰老。在不远的未来，干细胞将
成为解决众多医学难题的有力手段，
而这一切都等待我们去研究和探索。

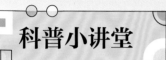

科普小讲堂

　　人的衰老是一种涉及全身多种组织器官的系统性退化的过程，表现为机体再生能力的减弱及组织器官功能的衰退，如头发变白、皮肤褶皱、肌肉松弛、骨骼脆弱、记忆力下降、疾病多发等。衰老受许多因素影响，包括遗传基因、营养代谢、激素水平、运动、疾病、环境因素等。干预这些因素可以减慢人的衰老速度，延长寿命，实现健康衰老。